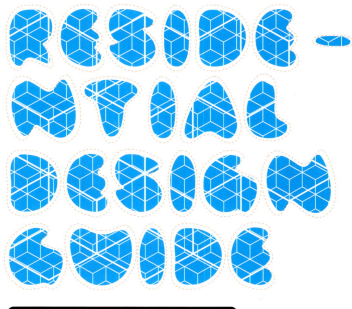

住宅设计指南

④ 现代建筑

策划 麦迪逊出版集团有限公司
主编 张先慧

图书在版编目（CIP）数据

住宅设计指南：全4册 /张先慧主编. —天津：
天津大学出版社，2012.4
 ISBN 978-7-5618-4326-0
 Ⅰ.①住… Ⅱ.①张… Ⅲ.①住宅—建筑设计
—指南 Ⅳ.①T241.62

中国版本图书馆CIP数据核字（2012）第054120号

责任编辑	油俊伟
美术指导	李小芬
美术编辑	苏雪莹　王丽萍　李　君　吴燕纯　钟明韵
出版发行	天津大学出版社
出 版 人	杨欢
地　　址	天津市卫津路92号天津大学内（邮编：300072）
电　　话	发行部：022-27403647　邮购部：022-27402742
网　　址	publish.tju.edu.cn
印　　刷	广州市上美印务有限公司
经　　销	全国各地新华书店
开　　本	217mm×305mm
印　　张	83
字　　数	1016千
版　　次	2012年3月第1版
印　　次	2012年3月第1次
定　　价	1060.00元（全4册）

目录 /CONTENTS

东方建筑与西方建筑

导言 /Introduction	004
中式风格 /Chinese Style	005
东南亚风格 /Southeast Asian Style	176
美式风格 /American Style	191
英式风格 /English Style	261

西方建筑

导言 /Introduction	004
法式风格 /French Style	005
欧式风格 /European Style	045
意大利风格 /Italian Style	124
地中海风格 /Mediterranean Style	181

西方建筑与现代建筑

导言 /Introduction	004
新装饰艺术风格 /New Decorative Art Style	005
新古典主义风格 /Neoclassicism Style	082
简约风格 /Simple Style	129
砖饰风格 /Brick Decoration Style	328

现代建筑

导言 /Introduction	004
平顶风格 /Flat-top Style	005
斜顶风格 /Slant-top Style	035
色彩风格 /Color Style	070
高技风格 /High Tech Style	129
曲线风格 /Curve Style	171
折板风格 /Folding Style	268

导言 /INTRODUCTION

记录精英 传播经典

张先慧

中国麦迪逊文化传播机构董事长
中国（广州、上海、北京）广告人书店董事长
《麦迪逊丛书》主编

建筑的艺术性一直较多地体现在公共建筑的设计上，住宅由于经济条件、功能使用等诸多因素的限制，一直只停留在功能的层面，并未表现出太多的艺术性。近年来，随着生活水平的提高，人们对自身的居住环境提出了更高的要求，这也促进了房地产的蓬勃发展和住宅市场的竞争加剧，开发商越来越注重楼盘外立面的设计，住宅也开始越来越多地表现出艺术性、风格化等特征。

目前，众多的住宅楼盘为了体现差异性和提高市场竞争力，通常会在建筑外立面上下一定的工夫。好的建筑外立面，可以让楼盘成为一个区域内的地标。住宅的外立面设计直接反映出项目本身的审美倾向、建筑的个性风格、楼盘的档次定位；立面造型构成丰富的天际线，立面色彩和细部设计给人以视觉的冲击，并进而形成住宅小区环境的视觉背景。

日常生活中，我们仅凭借自己的视觉就可以感觉哪些楼盘的外立面比较上档次，哪些楼盘的外立面则一看就很土气。当然，楼盘的外立面没有具体的评判标准，只要满足居住档次需要即可。毕竟是住宅，应是人性化的设计。任何风格都可以做好，从市场来说也能满足不同群体的消费需求和欣赏水平，但一定要注意比例尺度的推敲和细节的处理。

住宅的外立面设计是在美学原则等的指导下将各种建筑要素转变为构图要素，并使之具有美学特点。虽然立面的各构成要素都有它的表现力，但立面的组合形式要借助于结构和秩序化把各种元素组织起来表达一个完整的形象，并在此秩序中产生一定的焦点变化，才能扣人心弦。

古今中外的建筑，凡属优秀作品，虽然在形式处理方面各有千秋，但是都遵循了一个共同的原则——多样统一，可以将多样统一概括成形式美的规律。至于比例、尺度、节奏、韵律、均衡、稳定、对比、微差等，都是多样统一在某一方面的体现，也是进行立面创作的常用思路。

从市场运作角度看，越来越多的住宅项目在做立面设计时，已经考虑到整体规划、整体建筑与立面效果的糅合，考虑到立面与功能的有机结合，考虑到许多细节上非标准化的变化处理。一座建筑的外立面，总能体现千般特色、万种风情，不论是在体量、造型、比例、色彩等各方面都可以区别于其他楼盘。如此一来，我们城市的建筑立面会越来越漂亮，这是一种好的趋势。

作为住宅的设计者，要明确自己的使命和责任，除了为社会创造经济财富外，也要为社会带来丰富的文化底蕴。研究住宅的外立面设计，我们不仅可以从中感受到建筑艺术的时代变迁，各时期的建筑技术，室内外空间、功能的进步等，看到住宅建筑不断更新进步的缩影，更能从容把握今后项目开发的方向，有意识地在建筑立面造型与色彩的设计方面大胆创新，引领潮流。为此，我们编撰了这套《住宅设计指南》，供广大住宅设计者借鉴和参考。

Flat-Top Style

平顶风格

　　平顶风格，顾名思义，这种风格的建筑采用排水坡度一般小于10%的平屋顶，是相对于斜顶风格的一种现代建筑风格流派。

　　平顶风格建筑最早出现于干旱少雨的地区。由于其屋顶构造简单，适用于各种平面形式的建筑，尤其是平面形式不规则的建筑。随着钢筋混凝土结构、可靠的防水材料和高效率的排水系统的发展，20世纪中叶以来，平顶风格已在全世界不同气候地区和各种类型的建筑上广泛使用，并成为当今住宅建筑的主流风格之一。

　　平顶风格建筑的屋顶由承重结构、屋面和功能层组成。各层可分层设置，也可合成一体。其承重结构由钢或钢筋混凝土的梁、桁架和搁置在梁、桁架上的钢筋混凝土屋面板构成。这种屋顶结构可整体现浇或预制装配，多以钢筋混凝土、钢结构、石材、木材、玻璃等为主要材料。

　　平顶风格的建筑根据不同地区的气候特点和使用要求，其平屋顶除有防水功能外，还应考虑设保温、隔热等功能层。此外，其屋顶大多为挑檐设计，形成深浅不一的屋檐，从而使建筑具有独特的光影效果。

| 东方建筑 | 西方建筑 | **现代建筑** | /简约风格 | /砖饰风格 | /**平顶风格**·综合社区·高层·小高层·多层·别墅 | /斜顶风格 | /色彩风格 | /高技风格 | /曲线风格 | /折板风格 |

Roof 屋顶

| 东方建筑 | 西方建筑 | **现代建筑** | /简约风格 | /砖饰风格 | /**平顶风格**·综合社区·高层·小高层·多层·别墅 | /斜顶风格 | /色彩风格 | /高技风格 | /曲线风格 | /折板风 |

  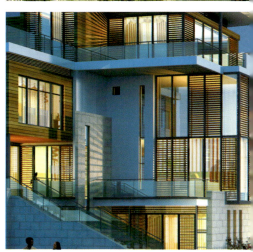

Elevation
墙壁立面

| 东方建筑 | 西方建筑 | **现代建筑** | /简约风格 | /砖饰风格 | /平顶风格·综合社区·高层·小高层·多层·别墅 | /斜顶风格 | /色彩风格 | /高技风格 | /曲线风格 | /折板风格 |

Balcony
阳台

长春市范家店某项目

绘图单位：深圳市朗形数码影像传播有限公司
设计单位：深圳市奥建环境艺术设计有限公司

东方建筑 西方建筑 **现代建筑** /简约风格 /砖饰风格 /**平顶风格**·综合社区·高层 /小高层·多层·别墅 /斜顶风格 /色彩风格 /高技风格 /曲线风格 /折板风格

① **长春市范家店某项目**
绘图单位：深圳市朗形数码影像传播有限公司
设计单位：深圳市奥建环境艺术设计有限公司

② **金秀二期**
绘图单位：深圳市朗形数码影像传播有限公司
设计单位：北京中外建建筑设计有限公司深圳分公司

① **赣州市某小区**
绘图单位：上海瀚海建筑设计有限公司
设 计 师：黄龙

② **黑龙江省某高层住宅项目**
绘图单位：哈尔滨麒麟海绘图文设计有限公司
设计单位：哈尔滨麒麟海绘图文设计有限公司

深圳市某住宅区

绘图单位：深圳市朗形数码影像传播有限公司
设计单位：深圳市菲立普戎铎环境艺术设计有限公司

① **某住宅小区**
绘图单位：上海海辞数码科技有限公司
设计单位：上海天越建筑设计有限公司

② **某住宅小区**
绘图单位：深圳市朗形数码影像传播有限公司
设计单位：香港华艺设计顾问（深圳）有限公司

③ **湖北省黄石市磁湖住宅**
绘图单位：力方国际数字科技有限公司
设计单位：原造建筑规划设计有限公司

④ **博泰滨江**
绘图单位：上海山地视觉表现有限公司
设计单位：上海筑间建筑设计有限公司

③

④

① 某住宅
绘图单位：上海思坦德建筑装饰工程有限公司
设计单位：上海思坦德建筑装饰工程有限公司

② 绍兴市某项目
绘图单位：上海翰境数码科技有限公司

① **滨湖欣园**
   绘图单位：安徽省东方石图像文化有限公司
   设计单位：东华工程科技股份有限公司

② **唐山市袁大里自建楼**
   绘图单位：成都丰尚图像设计有限公司
   设计单位：北京市龙安华成建筑设计有限公司成都分公司

①

②

东方建筑　西方建筑　**现代建筑**　简约风格　砖饰风格　/平顶风格·综合社区·高层　小高层·多层·别墅　斜顶风格　色彩风格　高技风格　曲线风格　折板风格

①

①

①

②

① 海南省某高层
绘图单位：上海赫智建筑设计有限公司
设 计 师：谢挺

② 某多层住宅项目
绘图单位：上海翰境数码科技有限公司

无锡鸿山、Aa09地块别墅项目

绘图单位：力方国际数字科技有限公司
设计单位：卓创国际工程设计有限公司

① 无锡鸿山、Aa09地块别墅项目
绘图单位：力方国际数字科技有限公司
设计单位：卓创国际工程设计有限公司

② 浦江镇122-9号地块
绘图单位：上海瀚海建筑设计有限公司
设计单位：上海天翔华侨城投资有限公司

③ 金秀二期
绘图单位：深圳市朗形数码影像传播有限公司
设计单位：北京中外建建筑设计有限公司深圳分公司

绘图单位：上海三庭环境艺术设计有限公司
设计单位：加拿大北美设计集团

② 百庭城住宅
绘图单位：上海零度数码科技有限公司

③ 某别墅
绘图单位：上海思坦德建筑装饰工程有限公司
设计单位：上海普泰建筑设计咨询有限公司

东方建筑 西方建筑 **现代建筑** 简约风格 特殊风格 /平顶风格·综合社区·高层·小高层·多层·别墅 斜顶风格 色彩风格 高技风格 曲线风格 折板风格

淄博市某别墅

绘图单位：上海思坦德建筑装饰工程有限公司
设计单位：中建国际

一诺生态园

绘图单位：山东淄博土木工坊建筑图像有限公司
设计单位：淄博文德建筑设计公司

Slant-Top Style 斜顶风格

斜顶风格，顾名思义，这种风格的建筑采用坡度大于10%以上的斜屋顶，是相对于平顶风格的一种现代建筑风格流派，其同平顶风格建筑一样也必须解决好承重、保温、隔热、防水等问题。

斜顶风格的特点是屋面排水速度快，防水指导思想是以排为主，以防为辅。常见的斜顶形式有单面坡、双面坡、四面坡等。斜顶的构造包括两大部分：一部分是由屋架、檩条、屋面板组成的承重结构；另一部分是由挂瓦条、油毡层、瓦等组成的屋面层。

斜顶的承重结构形式很多，承重结构形式的选择应根据建筑物的结构形式、对跨度的要求、屋面材料、施工条件以及对建筑形式的要求等因素综合决定，多为金属桁架、木结构承重，构造比较复杂；结构体系大体可分为三类：檩式、椽式、板式。

斜顶风格的现代住宅屋顶多为钢筋混凝土现浇楼板，与传统木屋架坡屋顶不同的是现浇楼板覆盖的空间可以居住生活，而不是纯粹让结构屋架占用。丰富多彩的坡屋顶居住空间可以作为商品房进行销售，给开发商带来非常可观的经济效益。

| 东方建筑 | 西方建筑 | **现代建筑** | /简约风格 | /砖饰风格 | /平顶风格 | **/斜顶风格**·综合社区·高层·小高层·多层·别墅 | /色彩风格 | /高技风格 | /曲线风格 | /折板风

Roof 屋顶

| 东方建筑 | 西方建筑 | **现代建筑** | /简约风格 | /砖饰风格 | /平顶风格 | **/斜顶风格** · 综合社区 · 高层 · 小高层 · 多层 · 别墅 | /色彩风格 | /高技风格 | /曲线风格 | /折板风

Balcony and Elevation

阳台及墙壁立面

东莞市大运城邦

绘图单位：深圳市原创力数码影像设计有限公司
设计单位：深圳益田集团

北京市海淀区厂洼住宅
绘图单位：西林造景（北京）咨询服务有限公司
设计单位：北京新纪元建筑工程设计有限公司

北海市某项目

绘图单位：深圳市朗形数码影像传播有限公司
设计单位：中国建筑技术集团有限公司深圳建筑创作研究院

翡翠
绘图单位：上海海纳建筑动画
设计单位：美国斯道沃

东方建筑　西方建筑　**现代建筑**　简约风格　　　　　　　／斜顶风格・综合社区・高层　　　多层・别墅

①

②

① **吴江市某地标项目**
绘图单位：力方国际数字科技有限公司
设计单位：上海联筑建筑设计顾问有限公司

② **迪拜某项目**
绘图单位：北京水晶石数字科技有限公司深圳分公司清华院分部
设计单位：深圳中建建筑设计院

③ **某住宅**
绘图单位：泉州映像建筑表现公司
设计单位：泉州市住宅建筑设计院

三亚市某项目

绘图单位：深圳市朗形数码影像传播有限公司
设计单位：深圳市华阳国际工程设计有限公司

① 某村民自住区
绘图单位：深圳市朗形数码影像传播有限公司
设计单位：深圳市华阳国际工程设计有限公司

② 大连琥珀湾小区
绘图单位：大连景熙建筑绘画设计有限公司
设计单位：中国建筑东北设计研究院

大连琥珀湾小区

绘图单位：大连景熙建筑绘画设计有限公司
设计单位：中国建筑东北设计研究院

| 东方建筑 | 西方建筑 | **现代建筑** | 简约风格 | 砖饰风格 | 平顶风格 | /斜顶风格·综合社区·高层·小高层·多层·别墅 | 色彩风格 | 高技风格 | 曲线风格 | 折板风格 |

景苑

绘图单位：上海朴树数码科技有限公司

① 景苑
绘图单位：上海朴树数码科技有限公司

② 呆情景别墅
绘图单位：广州市千水数码科技有限公司
设计单位：广州市景淼工程设计顾问有限公司

①

① **溧阳市世纪名城**
   绘图单位：力方国际数字科技有限公司
   设计单位：广东省建筑设计研究院第五所

② **某别墅**
   绘图单位：上海思坦德建筑装饰工程有限公司
   设计单位：上海港普泰建筑设计咨询有限公司

东方建筑　西方建筑　**现代建筑**　简约风格　砖饰风格　平顶风格　/**斜顶风格·综合社区·高层**　小高层·多层·别墅　色彩风格　高技风格　曲线风格　折板风

① 溧水森湖溪谷别墅
绘图单位：甘林
设计单位：江苏省苏典园林设计院

② 湖南省灃殷棠项目
绘图单位：上海开效效四科技有限公司
设计单位：马天星设计事务所

③ 明汇新城
绘图单位：郑州灵度景观设计有限公司
设计单位：郑州市建筑设计院

① 某别墅
   绘图单位：南京随影图像设计责任有限公司
   设计单位：南京华科建筑设计院

② 九江市庐山泉项目
   绘图单位：上海艺筑图文设计有限公司
   设计单位：中联程泰宁建筑设计研究院

③ 一诺生态园
   绘图单位：山东淄博土木工坊建筑图像有限公司
   设计单位：淄博文德建筑设计公司

| 东方建筑 | 西方建筑 | **现代建筑** | /简约风格 | /砖饰风格 | /平顶风格 | /**斜顶风格**·综合社区·高层·小高层·多层·别墅 | /色彩风格 | /高技风格 | /曲线风格 | /折板风

① **某住宅项目**
绘图单位：青岛宏景数字科技有限公司
设计单位：青岛易境设计事务所

② **黑河市五大连池某小区**
绘图单位：哈尔滨三力建筑表现工作室
设计单位：哈尔滨广川建筑设计研究院

③ **某住宅项目**
绘图单位：青岛宏景数字科技有限公司
设 计 师：杨亮

| 东方建筑 | 西方建筑 | **现代建筑** | 简约风格 | 砖饰风格 | 平顶风格 | /斜顶风格·综合社区·高层 | 小高层·多层·别墅 | 色彩风格 | 高技风格 | 曲线风格 | 折板风格 |

① **某住宅**

绘图单位：成都市上润图文设计有限公司

② **某别墅区**

绘图单位：上海翰境数码科技有限公司

Color Style

色彩风格

　　色彩风格是在现代简约风格的基础上演变而来的一种建筑风格流派。20世纪20年代兴起的现代建筑思潮，虽然因竭力反对虚假的建筑装饰，并且由于建造方便、实用而受到人们的追捧，然而其钢筋混凝土的灰色色调却让城市充满了过度的工业化的冷静，人们逐渐厌烦这种风格并开始需求出现色彩的城市。于是作为建筑材料固有特性之一的色彩，其装饰作用因此提高了。

　　色彩作为建筑装饰的主要手段之一，存在历史大约同建筑历史一样古老。古希腊帕提农神庙额枋和山墙上的色彩装饰至今依稀可辨，向人们展现着古希腊时代的昌盛景象。各时代的欧洲古代建筑，虽然风格和造型各具特色，然而其色彩瑰丽典雅却几乎是一脉相承的。东方古建筑设色之大胆、色彩之绚丽、色调之丰富，较欧洲古建筑有过之而无不及。

　　在建筑形体创造中，可充分利用色彩的冷暖、明暗、进退、轻重感来加强建筑物的立体感、空间感，从而加强建筑造型的表现力。利用色彩的明度，可创造出建筑实体部分不同的虚实效应。由此可见，色彩在建筑设计中发挥着极其重要的作用。可以说，不论建筑师想创造何种风格，制造何种气氛——热情欢快的，秀丽幽雅的，庄严肃穆的，宁静恬逸的都离不开建筑色彩的帮助。同时，外立面色彩用得好，不仅会大大提升楼盘的品质，增加楼盘的附加值，起到保值增值的作用，也为城市增添了色彩。

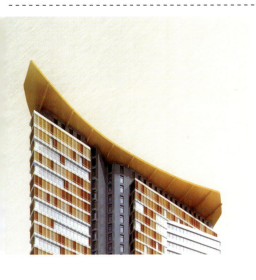

Roof 屋顶

| 东方建筑 | 西方建筑 | **现代建筑** | /简约风格 | /砖饰风格 | /平顶风格 | /斜顶风格 | /**色彩风格**·综合社区·高层·小高层·多层·别墅 | /高技风格 | /曲线风格 | /折板风格 |

Roof and Elevation
屋顶及墙壁立面

东方建筑　西方建筑　**现代建筑**　/简约风格　/砖饰风格　/平顶风格　/斜顶风格　/**色彩风格·综合社区·高层·小高层·多层·别墅**　/高技风格　/曲线风格　/折板风格

① **某小区建设**
　绘图单位：上海思坦德建筑装饰工程有限公司
　设计单位：中建国际设计

② **唐山市某住宅**
　绘图单位：北京鼎视空间科技有限公司

① 唐山市某住宅　　② 宁波市宁穿路3-3地块
绘图单位：北京鼎视空间科技有限公司　　绘图单位：筑景建筑表现设计有限公司

①

②

① **彩厦之都小区**
绘图单位：成都丰尚图像设计有限公司

② **某住宅**
绘图单位：南京随影图像设计有限责任公司
设计单位：南京思城建筑设计有限公司

③ **东营盛运家园**
绘图单位：上海蓝典环境艺术设计有限公司
设计单位：上海华相都市建筑设计有限公司

郑州市思达

绘图单位:深圳市异时空电脑艺术设计有限公司
设计单位:深圳市华筑工程设计有限公司

郑州市思达

绘图单位：深圳市异时空电脑艺术设计有限公司
设计单位：深圳市华筑工程设计有限公司

郑州市思达
绘图单位：深圳市异时空电脑艺术设计有限公司
设计单位：深圳市华筑工程设计有限公司

① **南京市江宁区利源路某项目**
绘图单位：深圳市朗形数码影像传播有限公司
设计单位：深圳市清华苑建筑设计有限公司

② **滁州市某项目**
绘图单位：上海杰象建筑设计咨询有限公司

东方建筑 | 西方建筑 | **现代建筑** | 简约风格 | 砖饰风格 | 平顶风格 | 斜顶风格 | **色彩风格**·综合社区·高层 | 小高层·多层 | 高技风格 | 曲线风格 | 折板风

滁州市某项目

绘图单位: 上海杰象建筑设计咨询有限公司

天赐中心

绘图单位：成都市浩瀚图像设计有限公司
设计单位：中国建筑西南设计研究院

① **天津市津港湾方案一**
绘图单位：天津天唐筑景建筑设计咨询有限公司
设计单位：天津大学建筑设计研究院

② **滕州市某商住楼**
绘图单位：上海日盛景观设计有限公司
设计单位：ANS国际建筑设计与顾问有限公司

①

①

某高层

绘图单位:上海翰境数码科技有限公司

① 杨家堡长风小区
绘图单位：上海蓝典环境艺术设计有限公司
设计单位：上海都瀚建筑规划设计有限公司

② 某住宅区
绘图单位：哈尔滨一方伟业文化传播有限公司
设计单位：西埃迪设计院

③ 酒钢聚集现代城
绘图单位：西安创景建筑景观设计
设计单位：西安建筑科技大学建筑设计研究院

达州市一品南庭

绘图单位：成都市浩瀚图像设计有限公司
设计单位：达州建筑设计研究院

密码国际

绘图单位：天津天唐筑景建筑设计咨询有限公司
设计单位：河南建业集团

① 合肥市风梅花园
绘制单位：上海鼎宜建筑设计有限公司
设计师：张辉

② 天波城
绘图单位：北京原色光影数字科技有限公司
设计单位：北京龙安华诚建筑设计有限公司

天波城

绘图单位:北京原色光影数字科技有限公司
设计单位:北京龙安华诚建筑设计有限公司

①

①

②

① **天波城**
绘图单位：北京原色光影数字科技有限公司
设计单位：北京龙安华诚建筑设计有限公司

② **洛阳市新区某住宅区**
绘图单位：洛阳张涵数码影像技术开发有限公司
设计单位：河南智博建筑设计有限公司

某小区

绘图单位：北京至美印象建筑设计咨询中心
设计单位：亚瑞建筑北京设计院

华美居住区

绘图单位：绵阳市瀚影数码图像设计有限公司
设计单位：中国工程物理研究院建筑设计院

华美居住区

绘图单位：绵阳市瀚影数码图像设计有限公司
设计单位：中国工程物理研究院建筑设计院

① **南京市河西江东门**
绘图单位：上海赫智建筑设计有限公司
设计单位：HanWOODS&PSA五兹国际建筑设计集团

② **某高层**
绘图单位：东莞天海建筑表现有限公司

① **南京市河西江东门**
绘图单位：上海赫智建筑设计有限公司
设计单位：HanWOODS&PSA五兹国际建筑设计集团

① **某公寓楼**
  绘图单位：西安麒麟环境艺术设计工程有限公司
  设计单位：北京中外建建筑设计有限公司

② **某住宅**
  绘图单位：沈阳市三地光影图文制作工作室
  设计单位：华域建筑设计有限公司

③ **青岛市东方至尊**
  绘图单位：青岛金东数字科技有限公司
  设计单位：青岛时代建筑设计有限公司

①

②

③

① 某小区

绘图单位：青岛宏景数字科技有限公司
设计单位：青岛腾远设计事务所有限公司

② 越南某住宅

绘图单位：深圳市九歌创筑艺术设计有限公司

| 东方建筑 | 西方建筑 | **现代建筑** | 简约风格 | 砖饰风格 | 平顶风格 | 斜顶风格 | /**色彩风格** · 综合社区 · 高层 · 小高层 · 多层 · 别墅 | 高技风格 | 曲线风格 | 折板风格 |

① **万象城**

绘图单位：郑州灵度景观设计有限公司

② **武汉市某项目**

绘图单位：武汉映像空间数码科技有限公司
设计单位：武汉源作建筑设计有限公司

① 某小区
绘图单位：成都亿点数码艺术设计有限公司昆明分公司
设计单位：北京中华建规划设计研究院（云南）有限公司

② 海南省土福湾
绘图单位：哈尔滨市拓普装饰设计（TOP design）有限公司
设计单位：哈尔滨市拓普装饰设计（TOP design）有限公司

① **海南省土福湾**
绘图单位：哈尔滨市拓普装饰设计（TOP design）有限公司
设计单位：哈尔滨市拓普装饰设计（TOP design）有限公司

② **非洲某滨海项目**
绘图单位：深圳市朗形数码影像传播有限公司

宜春奥林匹克花园

绘图单位：格雅建筑效果图公司
设 计 师： 管工

德国慕尼黑奥林匹克公园

构图单位：天津天唐筑景建筑设计咨询有限公司
设计单位：德国Wolf D.Prix蓝天组（Coop Himmelb(l)au）

UPP Building

绘图单位：上海非图数码设计有限公司
设计单位：瀚恩建筑设计咨询（上海）有限公司

High Tech Style

高技风格

　　高技风格是现代主义中的高技派，亦称重技派。这一设计流派形成于20世纪中叶，当时，美国等发达国家要建造超高层的大楼，混凝土结构已无法达到其要求，于是开始使用钢结构，为减轻荷载，就大量采用玻璃，这样，一种新的建筑形式形成并开始流行。到20世纪70年代，把航天技术上的一些材料和技术融合在建筑技术之中，用金属结构、铝材、玻璃等结合起来构筑成了一种新的建筑结构元素和视觉元素，逐渐形成一种成熟的建筑设计语言，因其技术含量高而被称为高技派。其突出当代工业技术成就，并在建筑形体和室内环境设计中加以展现，崇尚"机械美"，在室内暴露梁板、网架等结构构件以及风管、线缆等各种设备和管道，强调工艺技术与时代感。

　　高技风格建筑在建筑造型、风格上注意表现"高度工业技术"的设计倾向。高技派理论上极力宣扬机器美学和新技术的美感，它主要表现在三个方面。

　　1. 提倡采用最新的材料，用高强钢、硬铝、塑料和各种化学制品来制造体量轻、用料少，能够快速与灵活装配的建筑；强调系统设计（Systematic Planning）和参数设计（Parametric Planning）；主张采用与表现预制装配化标准构件。

　　2. 认为功能可变，结构不变。表现技术的合理性和空间的灵活性既能适应多功能需要又能达到机器美学效果。这类建筑的代表作首推巴黎蓬皮杜艺术与文化中心。

　　3. 强调新时代的审美观应该考虑技术的决定因素，力求使高度工业技术接近人们习惯的生活方式和传统的美学观，使人们容易接受并产生愉悦。

东方建筑　西方建筑　**现代建筑**　/简约风格　/砖饰风格　/平顶风格　/斜顶风格　/色彩风格　/**高技风格**·综合社区·高层·小高层·多层·别墅　/曲线风格　/折板风

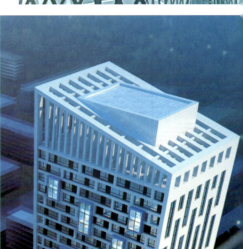

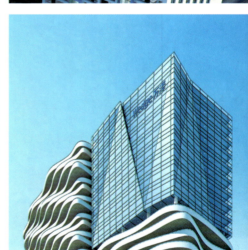

Roof and Elevation
屋顶及墙壁立面

Elevation
墙壁立面

贵阳市某住宅

绘图单位：重庆仕方图像设计工作室
设计单位：西南设计院重庆分院

① **迪方国际**
绘图单位：辽宁省经纬海方文化传播有限公司
设计单位：都市建筑设计院

② **动力石头广场住宅**
绘图单位：哈尔滨三力建筑表现有限责任公司

①

动力石头广场住宅
绘图单位：哈尔滨三力建筑表现有限责任公司

① 沈阳市某项目
绘图单位：沈阳众亿建筑设计有限公司

② 深圳市某项目
绘图单位：深圳市朗形数码影像传播有限公司
设计单位：深圳市欧博建筑设计有限公司

深圳市某项目

绘图单位：深圳市朗形数码影像传播有限公司
设计单位：深圳市欧博建筑设计有限公司

| 东方建筑 | 西方建筑 | **现代建筑** | /简约风格 | /砖饰风格 | /平顶风格 | /斜顶风格 | /色彩风格 | **/高技风格** ·综合社区·高层·小高层·多层·**别墅** | /曲线风格 | /折板风格 |

天津市某住宅区
绘图单位：天津力天世纪建筑设计工作室
设计单位：天津大学建筑设计研究院

| 东方建筑 | 西方建筑 | **现代建筑** | /简约风格 | /砖饰风格 | /平顶风格 | /斜顶风格 | /色彩风格 | /高技风格 | 综合社区·高层·小高层·多层·别墅 | /曲线风格 | /折板风 |

① **佛山市某项目**
绘图单位：深圳市朗形数码影像传播有限公司

② **常州市某公寓**
绘图单位：深圳市朗形数码影像传播有限公司
设计单位：深圳大学建筑设计研究院

某大型社区
绘图单位：上海翰境数码科技有限公司

东方建筑 西方建筑 现代建筑 /简约风格 /砖饰风格 /平顶风格 /斜顶风格 /色彩风格 /高技风格 综合社区·高层·小高层·多层·别墅 曲线风格 折板风格

某大型社区

绘图单位:上海翰境数码科技有限公司

① **鄂尔多斯市时达小区**
  绘图单位：北京回形针图像设计有限公司
  设计单位：北京汉华建筑设计有限公司

② **鄂尔多斯公园大道**
  绘图单位：西林造景（北京）咨询服务有限公司
  设计单位：北京新纪元建筑工程设计有限公司

鄂尔多斯公园大道

绘图单位：西林造景（北京）咨询服务有限公司
设计单位：北京新纪元建筑工程设计有限公司

① 石家庄市某商业住宅
  绘图单位：天津天砚建筑设计咨询有限公司
  设计单位：天津大学建筑设计研究院

② 马陆豪园
  绘图单位：上海海纳建筑动画
  设计单位：天功建筑设计

① 马陆豪园
绘图单位：上海海纳建筑动画
设计单位：上海天功建筑设计有限公司

② 都江堰市某小区
绘图单位：上海蓝典环境艺术有限公司
设计单位：上海景易建筑设计有限公司

西安市八里村
绘图单位：西安三川数码建筑咨询有限公司
设计单位：中国建筑西北设计研究院

① 西安市八里村
绘图单位：西安三川数码建筑咨询有限公司
设计单位：中国建筑西北设计研究院

② 南宁市阳光100
绘图单位：南宁市皓芬空间设计咨询有限责任公司
设计单位：广西华蓝设计（集团）有限公司

常州市某公寓

绘图单位：深圳市朗形数码影像传播有限公司
设计单位：深圳大学建筑设计研究院

① 哈尔滨市西大直街某项目
绘图单位：哈尔滨一方伟业文化传播有限公司
设计单位：哈尔滨工业大学建筑设计研究院

② 温州市某别墅
绘图单位：重庆铭帮科技有限责任公司
设计单位：机械工业第三设计研究院五所

东方建筑 / 西方建筑 / **现代建筑** / 简约风格 / 砖饰风格 / 平顶风格 / 斜顶风格 / 色彩风格 / **高技风格** · 综合社区 · 高层 · 小高层 · 多层 · 别墅 / 曲线风格 / 折板风

①

②

① **某别墅**
绘图单位：浙江省宁波市土豆多媒体设计有限公司
设计单位：宁波市本末建筑设计有限公司

② **峨眉山市某项目**
绘图单位：上海鼎盛建筑绘画有限公司
设计单位：豪斯泰勒·张·思图德建筑设计咨询（上海）有限公司（HZS）

珠海市东澳岛某项目

绘图单位：力方国际数字科技有限公司
设计单位：THE C.P.C.GROUP

厦门市某小区

绘图单位：深圳市九歌创筑艺术设计有限公司

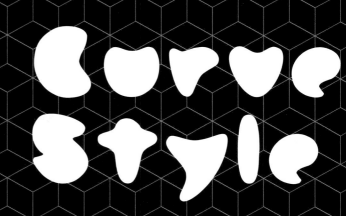

曲线风格

曲线风格，是介于现代主义与后现代主义之间的一种现代建筑风格流派。

曲线风格建筑在造型上尽量避免水平线和直角线转折，常常使用飘逸的曲线和非对称线条进行构图。曲线风格的建筑立面通过独特的构图营造波浪动感，凹凸流畅的线条错落穿插，线条有的柔美雅致，有的遒劲而富于节奏感，使建筑外观既有条不紊、层次分明，又能产生动态感、新奇感，从而形成独特的建筑立面形象。

曲线风格在造型设计上，没有可遵循的规律和样式，一切只在于设计时对线条的恰当运用和对美的认知；在材料上，多采用轻钢材、玻璃等。

曲线和非对称线条的灵活运用，使得原本生硬的建筑变得自然流畅、飘逸多变，在彰显其优雅气质的同时也带给城市一份灵动感。

| 东方建筑 | 西方建筑 | 现代建筑 | /简约风格 | /砖饰风格 | /平顶风格 | /斜顶风格 | /色彩风格 | /高技风格 | /曲线风格 | 综合社区·高层·小高层·多层·别墅 | /折板风格 |

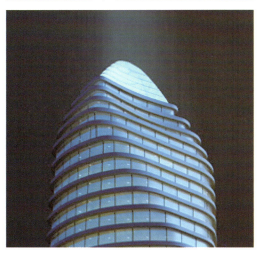

Roof 屋顶

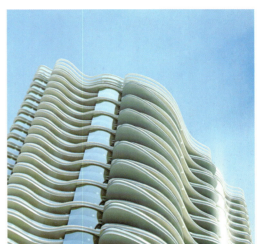

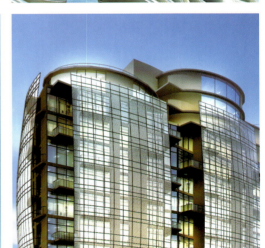

东方建筑　西方建筑　**现代建筑**　/简约风格　/砖饰风格　/平顶风格　/斜顶风格　/色彩风格　/高技风格　/**曲线风格** ·综合社区 ·高层 ·小高层 ·多层 ·别墅　/折板风格

Roof 屋顶

东方建筑 / 西方建筑 / 现代建筑 / 简约风格 / 砖饰风格 / 平顶风格 / 斜顶风格 / 色彩风格 / 高技风格 / 曲线风格 / 综合社区·高层·小高层·多层·别墅 / 折板风

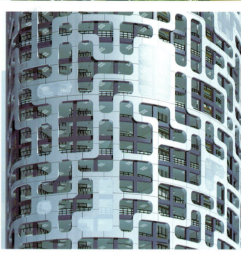

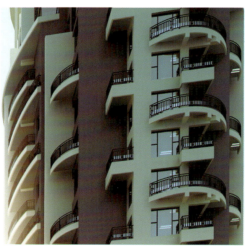

Elevation
墙壁立面

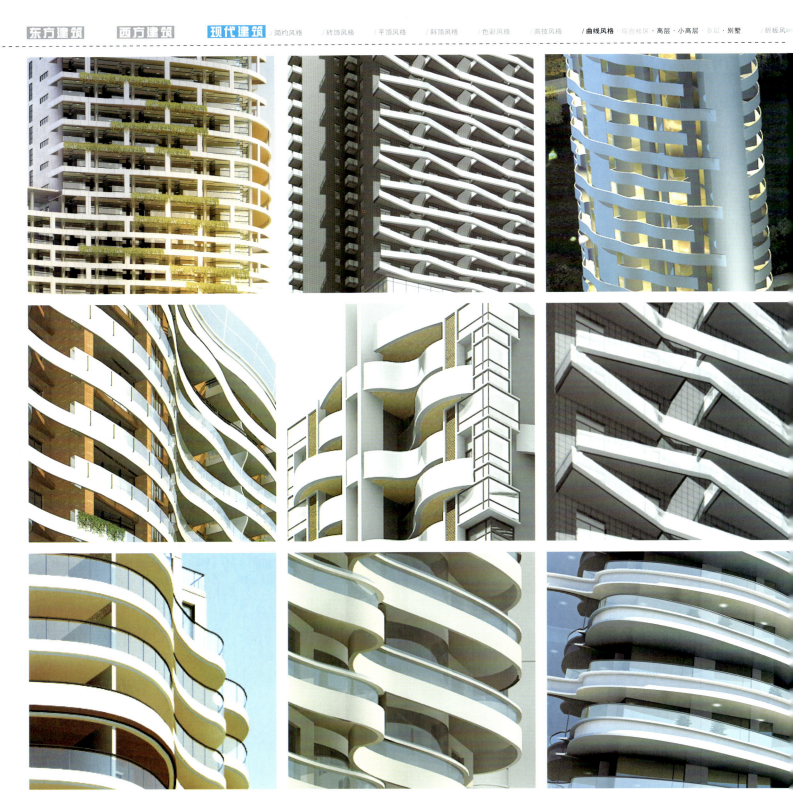

Elevation and Balcony

墙壁立面及阳台

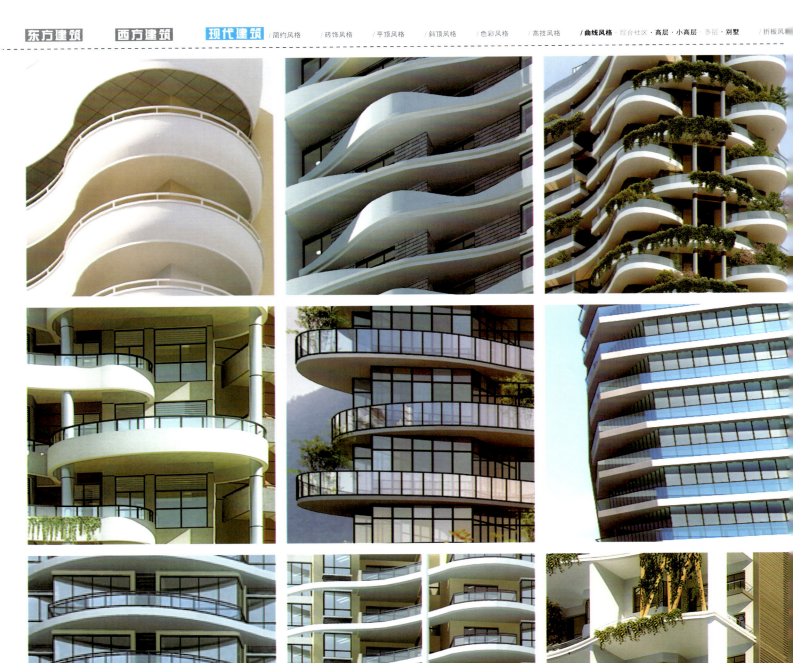

Balcony
阳台

阜阳市甜水苑

绘图单位：上海赫智建筑设计有限公司

宁波市1号地块

绘图单位：上海山地视觉表现有限公司
设计单位：MAA建筑事务所

宁波市1号地块

绘图单位：上海山地视觉表现有限公司
设计单位：MAA建筑事务所

① 宁波市1号地块
  绘图单位：上海山地视觉表现有限公司
  设计单位：MAA建筑事务所

② 铁岭市某住宅区
  绘图单位：辽宁省经纬海方文化传播有限公司
  设计单位：辽宁北方建筑设计院

昆明市江庙区某项目

绘图单位：力方国际数字科技有限公司
设计单位：中建国际设计顾问有限公司

① 厦门市湖边水库

绘图单位：厦门市九度电脑图像技术有限公司
设计单位：江西省煤矿设计院厦门分院

② 北海市某项目

绘图单位：力方国际数字科技有限公司
设计单位：广西汉和建筑规划设计有限公司

武汉市福星惠誉
绘图单位：上海赫智建筑设计有限公司

武汉市福星惠誉

绘图单位：上海赫智建筑设计有限公司

武汉市福星惠誉
绘图单位：上海赫智建筑设计有限公司

成都市韩滩双岛小区

绘图单位：成都市浩瀚图像设计有限公司
设计单位：大陆建筑设计有限公司

东城·领航公馆

绘图单位：北京远古数字科技有限公司
设计单位：中国中建设计集团

The Bayview Tours
绘图单位：美播商务咨询（上海）有限公司
设计单位：Team 3 Architects

东方建筑 / 西方建筑 / 现代建筑 / 简约风格 / 砖饰风格 / 平顶风格 / 斜顶风格 / 色彩风格 / 高技风格 / 曲线风格 · 综合社区 · 高层 · 小高层 · 多层 · 别墅 / 折板风

宁波市宜家花园

绘图单位：北京龙安华诚建筑设计有限公司
设计单位：北京龙安华诚建筑设计有限公司

某项目

绘图单位：成都天蝎图文文化传播有限公司
设计单位：成都韬略安道建筑设计有限公司

① **深圳市沙头角购物中心**
绘图单位：深圳市朗形数码影像传播有限公司
设计单位：深圳市爱普建筑设计有限公司

② **内江市时代广场**
绘图单位：成都亿点数码艺术设计有限公司
设计单位：四川宏基原创建筑设计有限公司

③ **某住宅**
绘图单位：长沙市雨花区凡朴建筑设计工作室
设计单位：长沙市建筑设计院

汉中市定居山住宅小区方案一

绘图单位：上海日盛景观设计有限公司
设计单位：上海标高建筑设计咨询有限公司

汉中市定居山住宅小区方案二

绘图单位：上海日盛景观设计有限公司
设计单位：上海标高建筑设计咨询有限公司

① **某住宅小区**
绘图单位：广西南宁天晨图文设计有限公司

② **南宁市盛世广场**
绘图单位：南宁市皓芬空间设计咨询有限责任公司
设计单位：广西华蓝设计（集团）有限公司

③ **海南省某项目**
绘图单位：上海朗域数码科技有限公司

① 昆明市小屯村改造项目
绘图单位：力方国际数字科技有限公司
设计单位：广州市瀚景建筑工程设计事务所

② 宁波市江东某公寓
绘图单位：宁波市芒果树图像设计有限公司
设计单位：宁波市城建设计院

宁波市江东某公寓

绘图单位：宁波市芒果树图像设计有限公司
设计单位：宁波市城建设计院

① **某项目**
绘图单位：浙江省宁波市土豆多媒体设计有限公司
设计单位：北京十景田建筑设计事务所

② **天津市津港湾方案一**
绘图单位：天津天唐筑景建筑设计咨询有限公司
设计单位：天津大学建筑设计研究院

① **某高层**
绘图单位：北京未来空间建筑设计咨询有限公司

② **哈尔滨市松北某高层**
绘图单位：哈尔滨三力建筑表现有限责任公司

沿湖某项目

绘图单位：上海鼎盛建筑绘画有限公司
设计单位：上海一汉沙扬建筑工程设计咨询有限公司

① **吉安市吉水泉项目**
  绘图单位：深圳市原创力数码影像设计有限公司
  设 计 师：高丛兵

② **盐城市苏宁项目**
  绘图单位：上海三藏环境艺术设计有限公司
  设计单位：上海联创建筑设计有限公司

常州市某住宅项目

绘图单位：广州山漫数码科技有限公司
设计单位：广州市科城建筑设计有限公司

三门峡市富达商业广场

绘图单位：郑州玖月图文设计有限公司
设 计 师：张予强

三门峡市富达商业广场

绘图单位：郑州玖月图文设计有限公司
设 计 师：张予强

吉安市吉水某项目

绘图单位：深圳市原创力数码影像设计有限公司
设 计 师：高从兵

① **威海市西岸国际**
  绘图单位：郑州指南针视觉艺术设计有限公司
  设计单位：上海早晨建筑设计有限公司

② **赣州某小区**
  绘图单位：上海瀚海建筑设计有限公司
  设计　师：黄龙

③ **日照市某住宅区**
  绘图单位：上海三藏环境艺术设计有限公司
  设计单位：上海翌城建筑设计咨询有限公司

①

①

②

③

③

① **海南省鲁能**
绘图单位：上海鼎盛建筑绘画有限公司
设计单位：豪斯泰勒·张·思图德建筑设计咨询（上海）有限公司（HZS）

② **广州市某住宅小区**
绘图单位：深圳市水木数码影像科技有限公司
设计单位：深圳市建筑设计研究总院有限公司第二分公司

佛山市高明区某住宅

绘图单位：力方国际数字科技有限公司
设计单位：广东中煦建设工程设计咨询有限公司

①舟山市东海之滨
绘图单位：上海谦和建筑设计有限公司
设计单位：中船第九设计研究院工程有限公司

②滕州市某商住楼 1
绘图单位：力方国际数字科技有限公司

① 沈阳市名流
  绘图单位：力方国际数字科技有限公司
  设计单位：北京墨臣工程咨询公司

② 深圳市沙头角购物中心
  绘图单位：深圳市朗形数码影像传播有限公司
  设计单位：深圳市爱普建筑设计有限公司

楚雄市兆顺第一城

绘图单位：昆明云筑天辰图文设计有限公司
设计单位：云南省怡成建筑设计有限公司

① **宁波市江东某公寓**
绘图单位：宁波市芒果树图像设计有限公司
设计单位：宁波市城建设计院

② **大连市某高层**
绘图单位：上海赫智建筑设计有限公司
设 计 师：张辉

①

②

① **大连市某高层**
绘图单位：上海赫智建筑设计有限公司
设 计 师：张辉

② **成都市300亩**
绘图单位：深圳市水木数码影像科技有限公司
设计单位：深圳建筑设计研究院总院

③ **某小区**
绘图单位：济南维克建筑装饰设计有限公司
设计单位：山东省建筑设计研究院

淮北市华松泉项目
绘图单位：上海海纳建筑动画
设计单位：上海黄浦设计院

杭州市滨江华城

绘图单位：绵阳市瀚影数码图像设计有限公司
设计单位：四川同轩建筑设计有限公司

杭州市滨江华城
绘图单位：绵阳市瀚影数码图像设计有限公司
设计单位：四川同轩建筑设计有限公司

安吉县某住宅区

绘图单位：上海山地视觉表现有限公司
设计单位：上海筑间建筑设计有限公司

海南省百果园

绘图单位：上海鼎盛建筑绘画有限公司
设计单位：上海现代规划建筑设计院

① 天津市王台居住区
② 某项目

上海市华漕别墅

绘图单位：上海三藏环境艺术设计有限公司
设计单位：上海联创建筑设计有限公司

① 珠江别墅
绘图单位：力方国际数字科技有限公司
设计单位：上海光华勘测设计院

② 美国泉公寓
绘图单位：PARKSTUDIO成都公园工作室

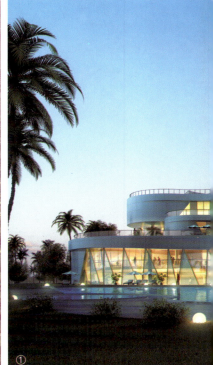

Folding Style
折板风格

　　折板风格是在现代简约风格的基础上，结合解构主义的特点逐步发展而来的一种建筑风格流派。简约风格的盛行，让城市建筑变得千篇一律，毫无个性可言。为此，人们开始寻求建筑立面的多样性，祈求添加一些符号，以改变建筑立面过于呆板的形象。这时，折板风格逐渐形成，并获得了较大的发展。因此，从根本上来说，这种在现代主义风潮之后流行起来的折板风格是对现代简约风格的修正，而非颠覆。

　　折板风格的建筑在立面上通过采用变形，甚至扭曲、的区别于常规的直线和折角，带给建筑不定且富有变化的立面形象，从外形上看，具有明显的弓形、工形、口形等曲折的形状结构，是建筑立面自由张力发挥的结果。这种折板结构是一种新的大跨度空间的构建方法，在材料运用上，主要通过钢材和混凝土实现。

　　折板风格建筑在造型上张力十足，气质前卫，立面清新、简约而又不至于呆板，是表达现代建筑的时代气息的最佳风格之一。

/ 268-269 /

Roof 屋顶

| 东方建筑 | 西方建筑 | **现代建筑** | /简约风格 | /砖饰风格 | /平顶风格 | /斜顶风格 | /色彩风格 | /高技风格 | /曲线风格 | /折板风格 ·综合社区·高层·小高层·多层·别墅 |

Roof and Elevation
屋顶及墙壁立面

东方建筑　西方建筑　**现代建筑**　/简约风格　/砖饰风格　/平顶风格　/斜顶风格　/色彩风格　/高技风格　/曲线风格　**/折板风格**　/综合计论 · 高层 · 小高层 · 多层 · 别墅

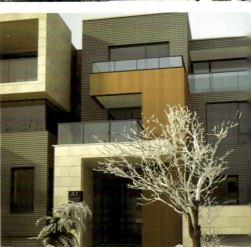

Elevation
墙壁立面

东方建筑　西方建筑　**现代建筑**　/简约风格　/砖饰风格　/平顶风格　/斜顶风格　/色彩风格　/高技风格　/曲线风格　/**折板风格**・综合社区・高层・小高层・多层・别墅

Balcony and Elevation
阳台及墙壁立面

 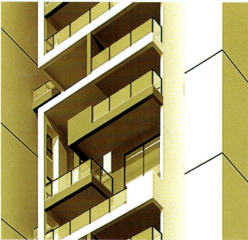 

七里铺小区

绘图单位：西安麒麟环境艺术设计工程有限公司
设计单位：北京中外建建筑设计有限公司

七里铺小区
绘图单位：西安麒麟环境艺术设计工程有限公司
设计单位：北京中外建建筑设计有限公司

① **南宁市翡翠园**
绘图单位：南宁天晨数码图像工作室
设计单位：广西建筑科学研究院

② **成都市某木材厂旧城改造项目**
绘图单位：绵阳市瀚影建筑图像设计有限公司
设计单位：四川华成辉宇建筑设计有限公司

深圳市益田凤岗二期

绘图单位：深圳市朗形数码影像传播有限公司
设计单位：深圳埃克斯雅本建筑设计有限公司

① **深圳市益田凤岗某项目**
　绘图单位：深圳市朗形数码影像传播有限公司
　设计单位：深圳埃克斯雅本建筑设计有限公司

② **马陆豪园**
　绘图单位：上海海纳建筑动画
　设计单位：上海天功建筑设计有限公司

① 深圳市益田凤岗某项目
　绘图单位：深圳市朗形数码影像传播有限公司
　设计单位：深圳埃克斯雅本建筑设计有限公司

| 东方建筑 | 西方建筑 | **现代建筑** /简约风格　/砖饰风格　/平顶风格　/斜顶风格　/色彩风格　/高技风格　/曲线风格　**/折板风格** ·综合社区·高层·小高层·多层·别墅

马陆豪园

绘图单位：上海海纳建筑动画
设计单位：上海天功建筑设计有限公司

① **休宁县上城国际小区**
绘图单位：安徽飞翔鸟综合服务有限责任公司
　　　　　合肥飞扬图像公司
设计单位：合肥工业大学建筑设计研究院

② **咸宁市环保局住宅区**
绘图单位：深圳市朗形数码影像传播有限公司
设计单位：北京中外建建筑设计有限公司深圳分公司

③ **某市国税局家属楼**
绘图单位：郑州天一建筑景观设计咨询有限公司
设计单位：河南联创建筑设计有限公司

① **某公寓楼**
　　绘图单位：长沙市雨花区凡朴建筑设计工作室
　　设计单位：长沙市建筑设计院

② **合肥市某项目**
　　绘图单位：广州运彤数字图文设计有限公司

深圳市万丈坡地块

绘图单位：深圳市深白数码影像设计有限公司
设计单位：深圳市建筑科学研究院

① **某高层**
绘图单位:济南维克建筑装饰设计有限公司
设计单位:山东省建筑设计研究院

② **惠州市某住宅项目**
绘图单位:广州市千水数码科技有限公司
设计单位:广州市景森工程设计顾问有限公司

某住宅

绘图单位：泉州联拓数字传媒有限公司

① **某高层住宅**
绘图单位：南京随影图像设计责任有限公司
设计单位：南京华科建筑设计院

② **郑州市21世纪国际城**
绘图单位：郑州灵度景观设计有限公司
设计单位：河南东方建筑设计公司

① **深圳市福星北小区**
绘图单位：深圳市深白数码影像设计有限公司
设计单位：广东建筑艺术设计院有限公司深圳分公司

② **长沙市福田康城**
绘图单位：长沙一川数字科技有限公司
设计单位：湖南中大设计院有限公司

东方建筑　西方建筑　**现代建筑** /简约风格　砖饰风格　平顶风格　斜顶风格　色彩风格　高技风格　曲线风格 /折板风格・综合社区・高层・小高层・多层・别墅

深圳市坂田某项目

绘图单位：深圳市深白数码影像设计有限公司
设计单位：深圳市建筑科学研究院

某住宅小区

绘图单位：天津天唐筑景建筑设计咨询有限公司
设计单位：峰景建筑

① 某住宅
绘图单位：哈尔滨三力建筑表现有限责任公司
设计单位：至诚地产销售公司

② 华氏百货
绘图单位：武汉合创建筑表现有限公司
设计单位：武汉民用建筑设计院

| 东方建筑 | 西方建筑 | **现代建筑** | /简约风格 | /砖饰风格 | /平顶风格 | /斜顶风格 | /色彩风格 | /高技风格 | /曲线风格 | /折板风格 | 综合社区·高层·小高层·多层·别墅 |

① **舟山市东港小区**
绘图单位：杭州光屹数码图像设计工作室
设计单位：舟山市规划建筑设计研究院

② **某住宅项目**
绘图单位：上海翰境数码科技有限公司

东方建筑　西方建筑　**现代建筑**　／简约风格　／砖饰风格　／平顶风格　／斜顶风格　／色彩风格　／高技风格　／曲线风格　／**折板风格**　综合社区·高层·小高层·多层·别墅

① **东渡某项目**
绘图单位：上海思坦德建筑装饰工程有限公司
设 计 单 位：中建国际

② **非洲某住宅**
绘图单位：深圳市原创力数码影像设计有限公司
设 计 师：邱伟旭

③ **某别墅**
绘图单位：深圳市原创力数码影像设计有限公司
设 计 师：邱伟旭

① 某别墅
绘图单位：深圳市原创力数码影像设计有限公司
设 计 师：邱伟旭

② 星湖奥园
绘图单位：广州金龙图文设计有限公司
设计单位：广州亚泰设计研究院

某大型社区

绘图单位：上海翰境数码科技有限公司

① 青城镇后山某小区
  绘图单位：成华区杨光图像设计工作室
  设计单位：中国建筑西南设计研究院

② 某别墅
  绘图单位：上海翰境数码科技有限公司